Daniel Dreher

# Anwendungsgebiete von Ad-Hoc-Netzen und Sensornetzwerke in der Automobilindustrie

GRIN Verlag

**Bibliografische Information der Deutschen Nationalbibliothek:**

Die Deutsche Bibliothek verzeichnet diese Publikation in der Deutschen National-
bibliografie; detaillierte bibliografische Daten sind im Internet über http://dnb.d-
nb.de/ abrufbar.

**Impressum:**

Copyright © 2004 GRIN Verlag GmbH
Druck und Bindung: Books on Demand GmbH, Norderstedt Germany
ISBN: 978-3-640-11924-0

**Dieses Buch bei GRIN:**

http://www.grin.com/de/e-book/108952/anwendungsgebiete-von-ad-hoc-netzen-
und-sensornetzwerke-in-der-automobilindustrie

**GRIN - Your knowledge has value**

Der GRIN Verlag publiziert seit 1998 wissenschaftliche Arbeiten von Studenten, Hochschullehrern und anderen Akademikern als eBook und gedrucktes Buch. Die Verlagswebsite www.grin.com ist die ideale Plattform zur Veröffentlichung von Hausarbeiten, Abschlussarbeiten, wissenschaftlichen Aufsätzen, Dissertationen und Fachbüchern.

**Besuchen Sie uns im Internet:**

http://www.grin.com/

http://www.facebook.com/grincom

http://www.twitter.com/grin_com

# Universität - Duisburg - Essen

### Fachbereich 5 – Systems Engineering

Seminararbeit im Fach

## Signalverarbeitung

Rahmenthema: **Ad-Hoc Netze**

# Anwendungsgebiete von Ad-Hoc Netzen

# &

# Sensornetzwerke in der Automobil Industrie

Eingereicht von:

Daniel Dreher

Abgabetermin: 07. Juli 2004

# Inhaltsverzeichnis

# 1 Einführung

Diese Seminararbeit beschreibt den Einsatz von Ad-Hoc Netzwerken in der mobilen Kommunikation. Da das Verlangen nach Kommunikation im mobilen Sinne immer mehr Einzug in die heutige Gesellschaft hält, fordern verschiedenste aktuelle Trends eine Zunahme der Vernetzung unterschiedlichster mobiler Geräte, diese dann drahtlos miteinander kommunizieren können.

Die Vielzahl der Geräte spricht auch für unterschiedlichste Einsatzgebiete solcher mobiler Kommunikation. Es ist also im Zeitalter der Mobilität notwendig, solche Technologien zu entwickeln und deren Nutzung möglich zu machen, um die aktive Sicherheit, zum Beispiel im Verkehr, zu gewährleisten und Informationsbeschaffung zu realisieren.

Um einen Einblick zu verschaffen, wird im zweiten Kapitel dieser Seminararbeit der Ad-Hoc Ansatz vorgestellt, der für einen Einsatz im mobilen Sinne geeignet ist. Es soll gezeigt werden, welche Anforderungen dieser mit sich bringt und was dieser Ansatz für Vorteile gegenüber herkömmlichen Netzen mit sich bringt.

Im dritten Kapitel werden die Topologien vorgestellt, mit denen man eine solche Ad-Hoc Kommunikation realisieren kann und die in diesem Bereich einen weitverbreiteten Einsatz finden werden.

Um einen Einblick in ein Anwendungsgebiet zu erhalten, werden in Kapitel vier die Sensornetze vorgestellt, die mittels drahtloser Netzwerktechnik Messdaten erfassen, auswerten und weiterleiten können.

Kontexterweiternd wird in Kapitel fünf der Einsatz von Sensornetzen in der Fahrzeugindustrie vorgestellt und wie diese für Sicherheitsapplikationen und Fahrassistenzfunktionen nützlich sind.

Des Weiteren gilt der Ad-Hoc Ansatz in fahrzeugbasierten Netzwerken als ein neues Technologiegebiet, welches auch in Kapitel fünf anhand des Beispielprojektes „FleetNet" vorgestellt wird.

Kapitel sechs stellt weiter Einsatzmöglichkeiten der Ad-Hoc Kommunikation vor.

Im darauf folgenden Kapitel sieben werden Zukunftsaussichten dargestellt.

# 2 Ad-Hoc Kommunikation

Mit Ad-Hoc verbindet man eine einfache, flexible Kommunikation die unabhängig von der Infrastruktur und der Lokalität ist. Somit ist ein hohes Maß an Flexibilität gegeben, welche bei sich ständig bewegenden Kommunikationspartnern sehr von Vorteil ist. Durch die plug´n´play Fähigkeit solcher Netzte, wie z.b. WirelessLAN, Bluetooth, UMTS oder HyperLAN ist das Eintreten und Verlassen der Teilnehmer in solchen Netzten sehr einfach. Sie sind an keinerlei Infrastruktur gebunden, denn die Kommunikationsteilnehmer bilden diese selber. Allerdings kann eine Netzinfrastruktur nur zwischen Teilnehmern aufgebaut werden, die sich in der Funkreichweite anderer Teilnehmer befinden, da es keine Basisstationen gibt.

Somit ist ein Einsatz selbst in unzugänglichen und unwegsamen Terrains möglich, wie z.B. in Krisengebieten, bei Katastropheneinsätzen oder beim Militär. Durch eine drahtlose Verbindung sind die Kommunikationspartner nicht ortsgebunden und sind weiterhin flexibel.

Durch den Wegfall der aufwendigen Verkabelung der einzelnen Teilnehmer bei stationären Netzen, oder der Wegfall von Basisstationen bei zellularen Netzen, kommt es hierbei zu einer Kostenersparnis.

Eine Redundanz im Hinblick auf die Ausfallsicherheit in mobilen Ad-Hoc Netzen oder in Sensornetzen ist durch das Routing gegeben. Jeder Teilnehmer kennt die Netzinfrastruktur seiner Umgebung und speichert diese in Routingtabellen ab. Durch ständige Aktualisierungen bringt er sie auf den neusten Stand. So können die Daten des jeweiligen Teilnehmers auf dem direktesten Weg an seinen Kommunikationspartner weitergeleitet werden. Fällt eine Station aus, so werden die Daten über alternative Knoten zu dem jeweiligen Ziel übermittelt.

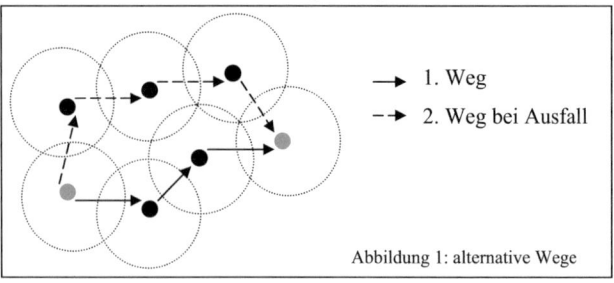

Abbildung 1: alternative Wege

# 3 Topologien

Bei mobiler Kommunikation sind Aspekte der Reichweite und der Sendeleistung der eingesetzten Technologie im erheblichen Masse von Relevanz. Da es mehrere Wege gibt mobil zu kommunizieren, kommt es auch auf die Einsatzmöglichkeit unter erschwerten Bedingungen, wie der relativen Geschwindigkeit der Teilnehmer oder einiger Störeinflüsse wie zum Beispiel durch Sichtkontaktverlust an, die beispielweise den Einsatz von Infrarot ausschließen.

In diesem Kapitel werden funkbasierte Netzwerke vorgestellt, die durch ihre Reichweite und Datenrate überzeugen und eine stabilere Verbindung der Teilnehmer gewährleisten.

## 3.1 WirelessLan

Als Ad-Hoc Netze geeignete Funktechnologien gelten insbesondere Netze, die auf dem IEEE Standard 802.11 basieren, wie zum Beispiel WirelessLAN 802.11 a/b/g/p Standards, die sich durch ihren Frequenzbereich und ihre Datenrate unterscheiden *(siehe Tabelle 1)*.

| | IEEE 802.11 b | IEEE 802.11 a | IEEE 802.11 p | Bluetooth | UTRA-TDD |
|---|---|---|---|---|---|
| Funkreichweite | mehrere 100m | mehrere 100m | mehrere 100m | < 100m | Ca 1km |
| Datenrate | bis 11 Mbit/s | bis 54 Mbit/s | bis 27 Mbit/s | bis 1 Mbit/s | Bis 2 Mbit/s |
| Frequenzbereich | 2,4 GHz | 5 GHz | 5,9 GHz | 2,4 GHz | 2,1 GHz |

Tabelle 1 Vergleich der drahtlosen lokalen Funktechnologien

Die Funkreichweite beträgt bei allen WLAN Netzen mehrere 100 Meter. Der IEEE 802.11 p Standard ist speziell auf die Fahrzeug-zu-Fahrzeug Kommunikation abgestimmt und soll mit einem Frequenzbereich von 5,85 -5,9 GHz zum Einsatz kommen. Dieser ist der höchste Frequenzbereich der mobilen Netze eingesetzt wird, da aufgrund der hohen Beweglichkeit der Teilnehmer eine derartige Sendeleistung wichtig ist. Dieses Frequenzband ist bereits in den USA für den Einsatz im Verkehrsbereich reserviert worden.

*[nach Korsch]*

## 3.2 Bluetooth

Blootooth hingegen ist auch ein Netzwerk zur mobilen Kommunikation, welches aber aufgrund seiner geringen Reichweite und hohen Verbindungsaufbauzeiten den Einsatz in hoch flexiblen Netzen wie der Fahrzeug-zu-Fahrzeug Kommunikation nicht finden wird. Als weiteres ist bei Blootooth die Bildung von Kommunikationsgruppen zu je 7 Teilnehmern, gerade im Bereich Fahrzeug-zu-Fahrzeug Kommunikation aufgrund der hohen Teilnehmerzahl, ein erheblicher Nachteil. So müsste ein Client der einen Gruppe auch Client einer anderen Gruppe sein, damit die Kommunikationspartner in den verschiedenen Gruppen über ihn miteinander kommunizieren könnten.

Bluetooth findet seinen Einsatz ehr im stationären Bereich wie z.b. zur Verständigung der festinstallierten Sensoren eines Autos. Ein weiterer innovativer Einsatz währe in öffentlichen Gebäuden oder Kinos denkbar, in denen zum Beispiel das eigene Handy dann automatisch ein leises Profil einstellt, aktuelle Filmtipps anzeigt oder ähnliches.

## 3.3 UMTS und UTRA-TDD

Als Konkurrent zu den vorgestellten drahtlosen Netzen steht das „Universal Mobile Telecommunications System" (UMTS). Bei der Versteigerung der UMTS Lizenzvergaben dieser Frequenzbänder wurden hohe Preise erzielt, die sich auch in den Betriebskosten dieser UMTS-Netze niederschlagen werden. So wird ein kostengünstiger Einsatz dieser Technologie nur schwer zu erfüllen sein. UMTS soll durch eine Erhöhung der Bandbreite auf 2 Mbit/s die Übertragung von digitalisierten Multimediadaten möglich machen. Ein Wechsel vom Leitungsvermittlungsverfahren hin zu Paketvermittlungstechniken, wie sie in Netzwerken zur Datenübertragung schon seit mehreren Jahrzehnten erfolgreich eingesetzt werden, soll die Datenübertragung beschleunigen und effizienter machen. Als Infrastruktur des geplanten UMTS-Netzes dienen die Sendemasten der bisherigen Mobilfunknetze und sorgen somit für ein flächendeckendes weitläufiges Netz und erreichen somit eine höhere Reichweite als beispielsweise WLAN Systeme. Darüber hinaus können UMTS-Netze auch infrastrukturlos, d.h. ohne Basisstationen, als Ad-hoc-Netze betrieben werden.

Das UMTS- Übertragungsverfahren UTRA-TDD *[TS25.221]* beispielsweise unterstützt in einer für den Einsatz in FleetNet modifizierten Version im Ad-hoc-Betrieb eine Sendereichweite von ca. 1 km und Datenraten zwischen 384 kbit/s und 2 Mbit/s. Die getätigten bzw. geplanten Veränderungen erweitern das ursprüngliche UTRA-TDD-Verfahren unter anderem um die Fähigkeit zur Ad-hoc-Kommunikation und um die Unterstützung von Reservierungsmechanismen. Letztere werden z.b. für den Einsatz von sicherheitsbezogenen Anwendungen in Fahrzeugnetzen benötigt. Damit ist ein Einsatz UMTS-basierter Kommunikationstechnologie in fahrzeugbasierten Netzen durchaus denkbar. *[Storz]*

# 4 Sensornetze

Ein Sensornetzwerk ist eine Ansammlung von vielen Sensorknoten, die miteinander über Funk kommunizieren und sich organisieren. Meist ist das Sensornetzwerk an eine Basisstation gebunden, die Daten von den Knoten im Netzwerk anfordert. Die Basisstation selbst kann wiederum an ein weiteres Netz angebunden sein.

Der Inhalt der Nachrichten in einem solchen Netzwerk ist meist vom gleichen Typ oder ähneln sich stark, da jeder Sensorknoten die gesammelten Daten seinem Sensor entnimmt, und ein Sensornetzwerk meist aus vielen baugleichen Sensorknoten besteht.

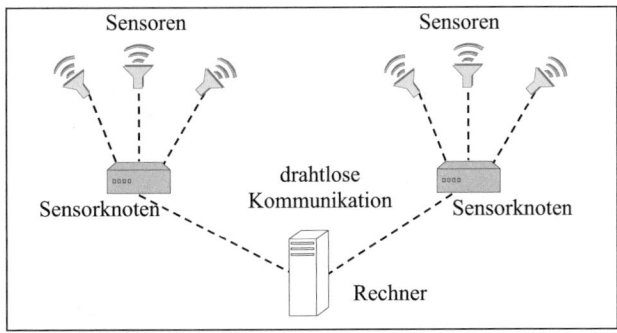

Abbildung 2: Sensornetzwerk

Um Energie zu sparen und damit die Lebensdauer der Knoten zu erhöhen, werden die Daten der Nachrichten an einigen Punkten im Netzwerk gesammelt und fusioniert. Der TAG (Tiny AGgregations Ansatz) soll als Ansatz zur Sammlung und Zusammenfassung von Sensordaten in Aggregationspunkten in einem Ad-Hoc Sensornetzen dienen.*[Schweg]*

Solche Aggregationspunkte sind normale Sensorknoten, die auf die Nachrichten ihrer Nachbarknoten warten und einen aus dem Inhalt der Nachrichten und den Daten ihres eigenen Sensors berechneten Wert weitersenden.*[Tiebler]*

Durch die gemeinsame Nutzung mehrerer Sensoren durch verschiedene Applikationen kommt es zu einer ökonomischen effizienteren Nutzung. Dies erhöht die Sicherheit und die Präzision der Sensordaten.

Bei mobilen Systemen besteht die Möglichkeit physikalische Messdaten aus Sensoren in der Umgebung des Fahrzeugs zu erfassen und zur Verarbeitung weiterzuleiten. Durch die Sensordatenfusion kommt es zu einer konsistente, für alle Fahrassistenzapplikationen relevanten, Fahrzeugumfeldbeschreibung.

Den Sensoren können somit Positionsdaten von Personen, Gegenständen und Geräten als Quelle dienen.

## 5 Fahrassistenz

Das Thema Fahrassistenz wurde aufgegriffen, da dieser Bereich das Einsatzfeld von mobiler Ad-Hoc Kommunikation in Verbindung mit Sensornetzwerken sehr gut darstellt. Es existieren bereits viele Forschungsansätze in diesem Bereich, besonderes von den Automobilherstellern wie BMW, Daimler-Chrysler und VW.

In diesem Abschnitt werden einige Möglichkeiten vorgestellt, die durch die Ad-Hoc Vernetzung realisierbar sind. So können zum Beispiel die Fahrzeuge untereinander kommunizieren oder auch Sensordaten aus der Fahrzeugumfelderfassung austauschen. Der Einsatz solcher Sensoren und Fahrzeugsensornetzen ermöglicht es, neue Gebiete der Fahrsicherheit und Fahrassistenzapplikationen zu erschließen. Diese kooperativen Fahrassistenz-systeme unterstützen den Fahrer in seiner visuellen Wahrnehmung. Sie sollen Sensordaten zwischen Fahrzeugen übermitteln, und z.B. Fahrdaten wie Brems- oder ESP-Daten oder Informationen über den Fahrbahnzustand anderer Fahrzeugen bereitstellen. Die Sensordaten zur Fahrzeugumgebung könnten für

eine Fahrspurverlassenswarnung, automatische Notbremsung und zur Fußgängererkennung dienen. Des Weiteren können Stauassistenzsysteme durch das Erfassen des Fahrzeugumfelds, Stop&Go Wellen vermeiden und PreCrash Maßnahmen einleiten. Zum Beispiel kann im Falle eines Unfalls oder einer Notbremsung eine Warnmeldung an nachfolgende Fahrzeuge gesandt werden. Eine solche Meldung kann sogar mit Hilfe des Gegenverkehrs entgegen der ursprünglichen Fahrtrichtung transportiert werden, um sich dem Störfall nähernde Fahrzeuge frühzeitig zu warnen *(siehe Abbildung 2) [Briesem.]*

Der Bandbreitenbedarf für diese Anwendungen ist hoch, und die Kommunikationsreichweite hängt von der Position des Kommunikationspartners ab. Daher ist eine Anpassung der Sendereichweite notwendig, um einen optimalen Datendurchsatz auch bei unterschiedlicher Fahrzeugdichte zu erzielen.

*[C-2-C-Komm]*

Abbildung 3: Übermittlung der Informationen an andere Fahrzeuge [Korsch]

Abbildung 4: Anzeige der Gefahrenstelle im Navigationssystem [Korsch]

## 5.1 Fleetnet

FleetNet wurde von einem Konsortium aus folgenden Partnern initiiert: DaimlerChrysler AG, FhI FOKUS, NEC Europe Ltd., Robert Bosch GmbH, Siemens AG und TEMIC Spracherkennung GmbH. Weiterhin sind in das Projekt die (Technischen) Universitäten Hannover, Braunschweig, Mannheim und Hamburg-Harburg eingebunden. *[nach C-2-C-Komm]*

Das Projekt „FleetNet – Internet on the Road" befasst sich mit der Entwicklung einer Kommunikationsplattform zum Austausch von Daten zwischen Fahrzeugen oder zwischen Fahrzeugen und stationären FleetNet-Systemen mit dem Ziel, die visuelle Wahrnehmung durch die Übermittlung von elektronischen Informationen aus dem unmittelbaren Fahrzeugumfeld zu ergänzen. Hier spielt der Einsatz eines Ad-hoc-Funknetzes zur Inter-Fahrzeugkommunikation eine große Rolle. *[Fleetnet]*

FleetNet bietet unter anderem auch die Möglichkeit mit den Passagieren anderer Fahrzeuge chatten oder online spielen zu können. Weitere Anwendungen lassen sich dem Bereich des Marketings und der Werbung zuordnen. Denn durch das Konzept der stationären FleetNet-Gateways am Straßenrand, bietet FleetNet die Möglichkeit des Marketings entlang der Straße. Firmen können stationäre FleetNet Gateways installieren um Marketinginformationen an potentielle Kunden zu senden, die mit Ihren Fahrzeugen das Gateway passieren. Einkaufszentren oder Schnellrestaurants können ihre Kunden bei der Einfahrt auf das Gelände über ihre aktuellen Angebote informieren oder sogar direkt Bestellungen aufnehmen *[Rosen].* Durch den Zugang zum Internet können Passagiere Marketinginformationen erhalten, während sie über das Gateway online sind. *[FleetNet]*

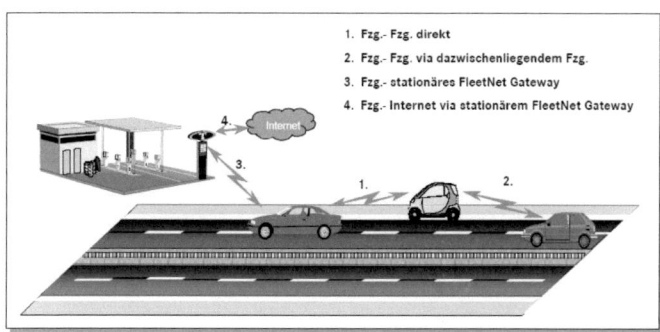

Abbildung 5: FleetNet Kommunikationsszenario [Fleetnet]

# 6 Anwendungsgebiete

## 6.1 Katastrophenschutz

Mit Hilfe der Sensortechnik können seismische Aktivitäten in einem Erdbebengefährdeten Gebiet von Sensoren aufgezeichnet werden die zuvor über diesem Gebiet abgeworfen wurden. Die gemessenen Daten werden dann durch die Netzstruktur des Sensornetzes über eine Basisstation zur Auswertung an Institut weitergeleitet.

Dieses Einsatzprinzip ist auch in verschiedensten anderen Bereichen wie der Waldbrandbekämpfung oder dem Flutkatastrophenschutz denkbar.

## 6.2 Militäreinsätze und Krisengebiete

Bei einer so unbekannten und nicht vorhersehbaren Situation auf fremdem Terrain oder zerstörtem Gelände müssen eine Kommunikation und ein Datenaustausch zwischen den im hohen Grad mobilen Nutzern (Helfer oder Soldaten) gewährleistet sein.

So könnte zum Beispiel jeder Nutzer mit einem Ad-Hoc fähigem Gerät ausgestattet sein, und hat somit die Möglichkeit, mit allen anderen zu kommunizieren oder Daten aus Sensoren zu empfangen, die vorher über dem Terrain abgeworfen wurden.

Das US Projekt Smart Dust setzt auf diese Methode der Aufklärung. So werden große Mengen von Dust Motes, das sind kleine autonome Sensoren, über dem aufzuklärenden Gebiet abgeworfen. Diese leiten dann die entsprechenden Messdaten an die installierten Basisstationen wieter [Völkel&Kutschke]. Das Erstellen einer festen Netzinfrastruktur ist meist in solchen Gebieten nicht zu realisieren und es kann nicht von vorhandener Infrastruktur ausgegangen werden.

Dadurch ist der Nutzer immer auf dem aktuellsten Informationsstand und steht im ständigen Kontakt mit seinen Kollegen oder dem Basislager. So ist er in lebensgefährlichen Situationen bestens über sein Umfeld informiert.

Als weiteres Beispiel steht auch „ActComm" (ActiveCommunikations), ein Projekt mehrerer amerikanische Universitäten die dieses seit 1997 in Kooperation für AirForce durchführen.

# 7  Zukunft

Der Einsatz von mobilen Ad-Hoc Netzen bringt trotz seiner optimalen Lösungsansätze noch einige zu lösende Aufgaben mit sich. So sollte die Hardware Energiesparender, leichter bedienbar und ergonomisch sein. Des Weiteren dürfen im Bereich der benötigten Software, Aspekte der Sicherheit, der Wahrung des Datenschutzes und der Verschlüsselungsmechanismen nicht außer Acht gelassen werden.

Die Frage nach einheitlichen standardisierten Schnittstellen und weiteren Dienstangeboten ist noch nicht geklärt und so gibt es immer eine Vielzahl verschiedener Ansätze der Protokollierung und der Datenaustauschmechanismen.

Es darf kein Unterschied machen, von welcher Marke das Auto vor dem eigenen ist , wenn es um die Übermittlung von Gefahrenmeldungen oder Bremsdaten oder ähnliches geht. *[Völkel&Kutschke]*


# 8  Fazit

Diese Seminararbeit hat einen Überblick über die Ad-Hoc Kommunikation und ihre verschiedenen Einsatzmöglichkeiten gegeben.

Grundlegend ist zu sagen, dass der Einsatz mobiler Netzwerktechnologien wie den Ad-Hoc Netzen eine erhebliche Verbesserung der Kommunikation und Informationsbeschaffung sein wird. Denn die Ad-Hoc Netzwerktechnologie ist eine gute Lösung, da die Infrastrukturunabhängigkeit und die Mobilität in unserem Zeitalter eine immer größer werdende Rolle spielt.

# 9 Literatur

[802.11 b]  IEEE Std 802.11b-1999 (Supplement to ANSI/IEEE Std 802.11, 1999 Edition) Part 11: *Wireless LAN Medium Access Control (MAC) and Physica Layer (PHY) specifications: Higher-Speed Physical Layer Extension in the 2.4 GHz Band*

[Briesem.]  Briesemeister, L., Hommel, G., *Role-Based Multicast in Highly Mobile but Sparsely Connected Ad-Hoc Networks,* Proc. MobiHOC 2000, Boston, 11. August 2000

[HiperLAN]  ETSI-BRAN, *High Performance Radio Access Local Area Network-Type 2 (System Overview)*, ETSI, DTR/BRAN-00230002, Sophia Antipolis, 1999

[TS25.221]  3GPP TS 25.221: *Physical channels and mapping of transport channels onto physical channels (TDD)*, V4.0.0, 2001

[FleetNet]  Christian Cseh, Reinhold Eberhardt, Walter Franz, *Mobile Ad-Hoc Funknetze für die Fahrzeug-Fahrzeug-Kommunikation, DaimlerChrysler AG Forschung Information und Kommunikation, Kommunikationssysteme RIC/TC Postfach 2360 89081 Ulm (www.fleetnet.de)*

[Völkel&Kutschke]  Christian Kutschke, David Völkel, *Einsatzbeispiele für Ad-Hoc Netze, 11.11.2002, Technische Uni Ulm*

[Korsch]  Timo Korsch, *Den Horizont der Fahrassistenz erweitern: Vorrausschauende Systeme durch Ad-Hoc Vernetzung, BMW Group Forschung und Technik (www.ftm.mw.tum.de/zubehoer/pdf/Tagung_AS/18_kosch.pdf)*

[C-2-C-Komm]  - Michael Bleyer und Stefan Waldenmaier, Funkschau-Artikel 04/2002 *(www.funkschau-handel.de/heftarchiv/pdf/2002/fs0402/fs0204016.pdf)*
- Definiens White Papers 25 *(www.definiens.com/amaccs/pdf/amaccs_d.pdf)*
- Robert Morris et al., CarNet : A Scalable Ad-Hoc Wireless Network System *(www.pdos.lcs.mit.edu/~decouto/my-papers/carnet.ps)*
- Hannes Hartenstein, Martin Mauve, FleetNet – Internet on the road *(www.ibr.cs.tu-bs.de/events/SummerSchool2002/kss-mauve.pdf)*
- BMW-Homepage *(www.bmw.de)*
- FleetNet-Hoempage *(www.fleetnet.de)*

[Storz]  Oliver Dirk Storz, *Entwurf und Implementierung eines optimierten Service-Discovery-Protokolls für fahrzeugbasierte Netze, 30.09.2002 Universität Karlsruhe (www.et2.tu-harburg.de/fleetnet/pdf/DRIVE_TU-BS.pdf)*

[Schweg]  Christian Schwegmann, *TAG – ein Aggregations-Dienst in ad-Hoc Sensornetzwerken, 3. Juni 2004*

[Tiebler]  Daniel Tiebler, *Hauptseminar Sensornetzwerke Sicherheit in Sensornetzwerken, 10. Semester 2004-06-17*

[Fahrass]  Tagung Aktive Sicherheit durch Fahrerassistenz, *Lehrstuhl für Fahrzeugtechnik der TU-München (www.ftm.mw.tum.de/deutsch/download/tagung_as.htm)*